吸管变变

马 兰 郝 冀 主编
刘 妍 绘制

科 学 出 版 社
北 京

内 容 简 介

本书以漫画的形式，生动地呈现科创少年“派”和他的伙伴“机器熊猫”一同经历的跌宕起伏的奇幻探险之旅。在旅程中，他们运用智慧搭建出各种别出心裁的装置（模型），面对挑战，解决问题，不断前行。读者可以跟随主人公，用生活中常见的吸管完成装置（模型）的搭建，感受动手实践的魅力，体验科技创新的乐趣。

本书适合青少年阅读，也适合亲子阅读，还可作为科技教育、STEAM 教育的参考书。

图书在版编目（CIP）数据

吸管变变变/马兰，郝冀主编.—北京：科学出版社，2024.1

ISBN 978-7-03-076962-6

Ⅰ.①吸… Ⅱ.①马… ②郝… Ⅲ.①科学技术–模型–制作–青少年读物 Ⅳ.①N49

中国版本图书馆CIP数据核字（2023）第217724号

责任编辑：许寒雪　杨　凯 / 责任制作：周　密　魏　谨

责任印制：肖　兴 / 封面设计：刘　妍

北京东方科龙图文有限公司 制作

科 学 出 版 社 出版

北京东黄城根北街16号

邮政编码：100717

http://www.sciencep.com

北京中科印刷有限公司 印刷

科学出版社发行　各地新华书店经销

*

2024年1月第　一　版　开本：720×1000 1/16

2024年1月第一次印刷　印张：5 1/2

字数：100 000

定价：36.80元

（如有印装质量问题，我社负责调换）

编委会

顾　问　马　娟　张雅楠　朴红坤

主　编　马　兰　郝　冀

编　委　霍　艳　胡　静　马萍萍　唐好明　李　娜
孟庆堃　殷　维　冯　涛　方颖钰　程　晨

推荐序

本书是一份献给所有热爱动手实践和科学探险的孩子们的礼物。书中的科创少年“派”和他的伙伴“机器熊猫”，结伴而行，勇敢面对各种挑战，运用智慧解决一系列难题，完成了一段奇幻探险之旅。

阅读本书，孩子们不仅能身临其境地参与“派”和“机器熊猫”的探险，还能使用生活中常见的吸管，跟随书中的搭建步骤演示，亲手完成装置和模型的搭建。更进一步地，在锻炼动手能力的同时，孩子们还可以展开想象，创造出更多新的装置，助力“派”和“机器熊猫”完成探险。

大海中航行的小船、通往对岸的悬索桥、巧取食物的机械手……通过参与险象环生、复杂神秘的探险之旅，孩子们真切体悟到“派”和“机器熊猫”的勇气和决心，这会激励他们勇敢面对生活中的挑战，运用所学的科学知识，动手实践，解决问题，不断前行。

本书以漫画的形式，呈现出活泼可爱的人物形象和生动有趣的故事情节；以简单易懂的方式，讲解科技制作知识。鼓励青少年动手实践，感受搭建的魅力。在阅读过程中，孩子们还能收获丰富的生活启示，感受勇气、友谊、智慧的力量，体会人与自然和谐相处的美好，体验科技创造的乐趣……

期待所有喜爱漫画、乐于实践、敢于创新的小朋友爱上这本书，爱上充满科技感的探险故事。

清华大学教授　高云峰

目　录

人物介绍

派
勇于探险的科创少年

机器熊猫
来自未来时空的智能体

风火岛奇遇

蓝小光（闪光鱼）

八爪鱼

科创夏令营的师生

老　师

同学 A

同学 B

序 章

千岛市小学
这是一个
关于冒险的故事。

今年科创夏令营
我们要去月亮湾。
五年级A班
一定要听安排，
不可以乱跑哦！
听说附近有个风火
岛，特别漂亮！
我才不会
乱跑呢！

派 正正
晴晴 正正一
恭喜晴晴成为我们的新班长！
夏令营老师只让我做基础制作。班长也落选了！
我要去做火箭模型！派，你做什么？
我要去做小房子，你做什么模型？
我要去风火岛，让你们知道我的本事！

要有船才能出海……
可老师没教怎么制作船。
你好！我的时空系统出故障了，导致我走错了时空！
那你本来要去哪个时空啊？
我要去2099年。

你呢？为什么
一个人在海边？
我……
我想去风
火岛证明
我是个勇
敢的人！
啊
……
……
……
你
要和
我一起
去探险
吗？
当
然
啦
！
虽然我的时空系统
出故障了，但知识储备系统
还能正常使用，我可以检索到
如何制作一艘船。
太棒啦！
我们一定能
顺利出发！

哇！哇！
哇，
简直不敢
相信这是
我们做的
船！
再
加个船
楼就大
功告成
了。
向风火岛
出发！
出发！

微风吹过，阳光正好。洒进教室的阳光带来了一份宜人的温暖，教室内充满着青春与活力，学生们兴奋地讨论着今年的科创夏令营。而科创少年——派，在知道科创夏令营中老师给他分配的任务是完成基础制作后，又想到因一票之差落选了班长，便决定前往风火岛，通过探险证明自己的实力。他一个人站在岸边，正在苦恼没船怎么去探险时，遇到了一只因系统故障走错时空的机器熊猫。他与机器熊猫说了自己的计划与正面临的问题。热心的机器熊猫表示，虽然他的时空系统出现了故障，但知识储备系统还能正常使用，可以帮助派制作一艘船，开启冒险之旅！

船的种类有很多。不同的船，适用不同的情景。我们要先确定要设计什么样子的船，再进行制作。

那……都有什么样子的船呢？感觉设计起来很复杂啊！

说复杂不复杂，说简单也不简单。我们可以将船分解为前、中、后3个部分。这3个部分由基础形状组合而成。船的前部，我们通常将其称为艏，艏又分为前倾艏、飞剪艏、破冰艏等；船的后部，我们通常将其称为艉，艉又分为方艉、巡洋舰艉等。而船的中部用于连接艏和艉。

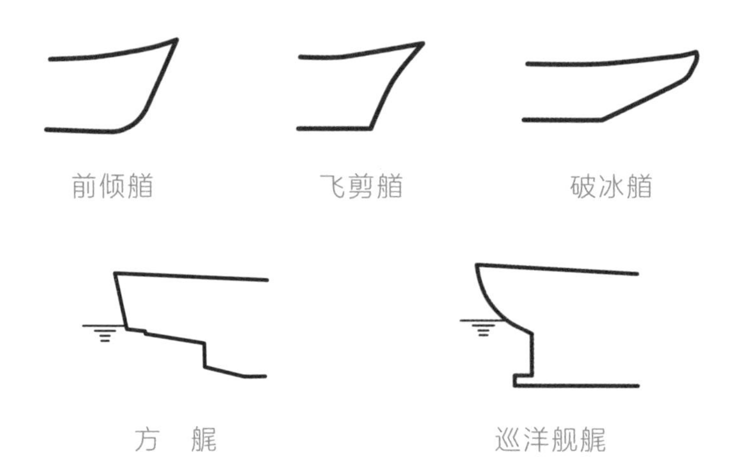

有这么多类型啊。要选择哪种呢？

艏我们可以借鉴科考船的设计，选用破冰艏。至于艉，一般方艉用于高速舰艇，巡洋舰艉用于中、低速舰艇……

我要高速航行到风火岛去探险！

那艉选用方艉。

总觉得还少点什么……对了，我见过船上有高高的建筑，那个是什么？

这些高高的建筑统称上层建筑。根据上层建筑与船舷的距离又可以将其分为船楼和甲板室，其中船楼又分为艏楼、桥楼、艉楼，甲板室又分为中甲板室和艉甲板室。

那再设计个船楼吧！把船楼放在上面，一定很酷。

很不错的想法！有了船楼以后，我们不仅可以躲风避雨，还可以在船楼里欣赏海上风景。

风火岛的探险之旅充满未知，派和机器熊猫确定了船的样子，便开始准备材料进行制作了。

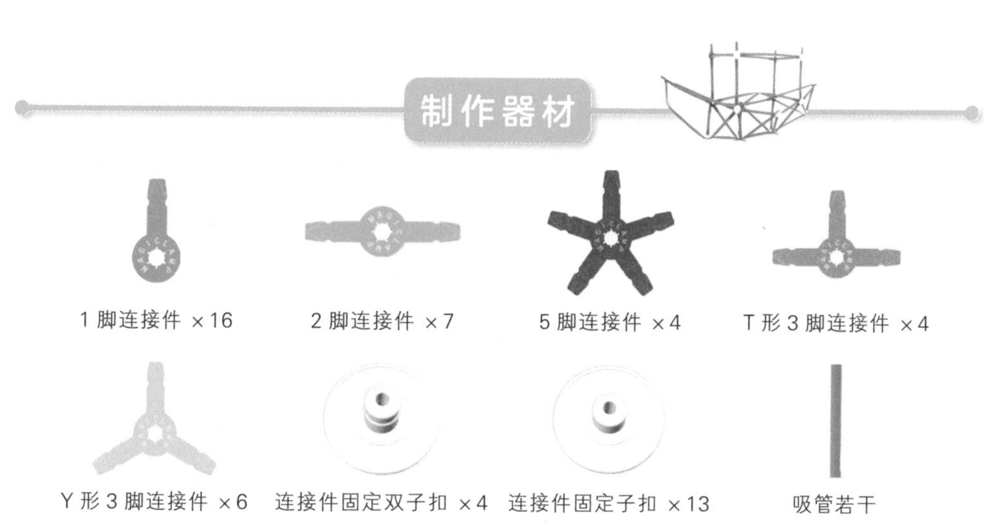

制作步骤演示

1 使用 2 个连接件固定子扣、2 个 2 脚连接件和 4 个 Y 形 3 脚连接件组装 2 组 8 脚连接件，并使用吸管将其连接在一起，然后将 10 根吸管分别插在连接件的脚上。

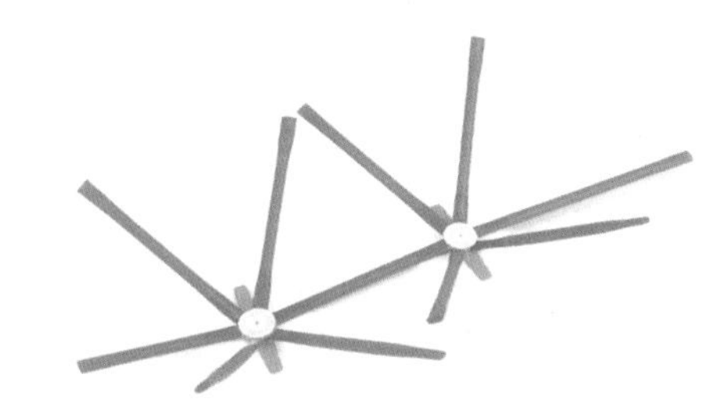

2 使用 4 个连接件固定子扣、4 个 1 脚连接件和 4 个 5 脚连接件组装 4 组 6 脚连接件，使用 2 个连接件固定子扣、4 个 1 脚连接件和 2 个 2 脚连接件组装 2 组 4 脚连接件。使用 4 根吸管将组装好的连接件连接在一起，然后将其与步骤1中的吸管连接在一起。

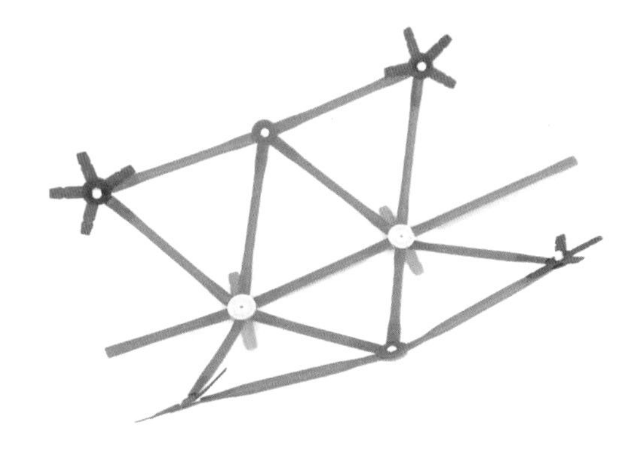

3 使用 1 个连接件固定子扣、3 个 1 脚连接件组装 1 个 3 脚连接件，使用 1 个连接件固定子扣、1 个 1 脚连接件和 1 个 Y 形 3 脚连接件组装 1 个 4 脚连接件。使用 6 根吸管将组装好的连接件连同 1 个 2 脚连接件连接在一起，并与步骤 2 相连。

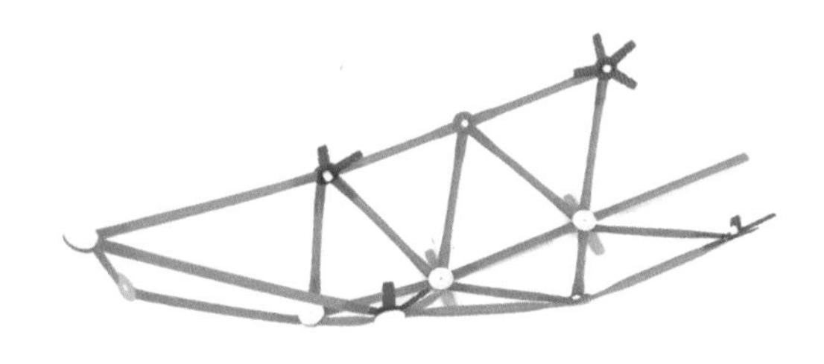

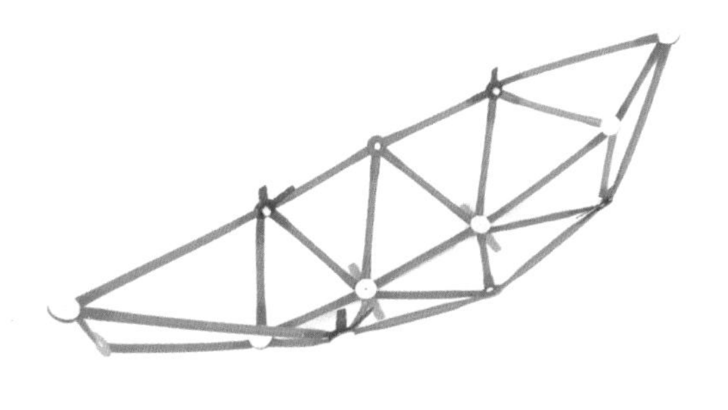

4 使用1个连接件固定子扣、3个1脚连接件组装1个3脚连接件，使用1个连接件固定子扣、1个1脚连接件和1个Y形3脚连接件组装1个4脚连接件。使用5根吸管将组装好的连接件连接在一起，并与步骤3完成的结构相连。

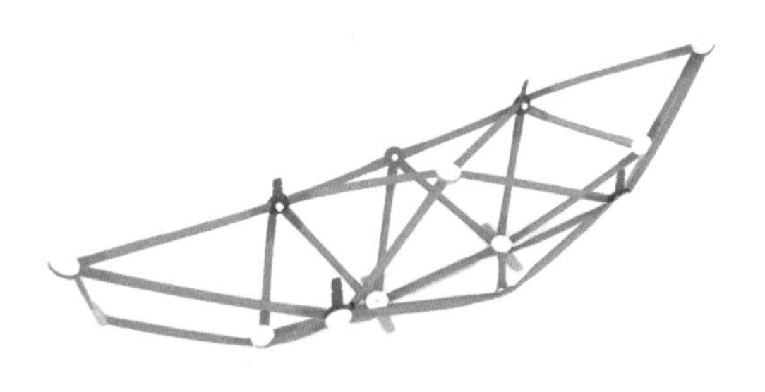

5 使用1个连接件固定子扣和2个2脚连接件组装1个4脚连接件，并使用4根吸管将其连接至步骤1中连接件的脚上。

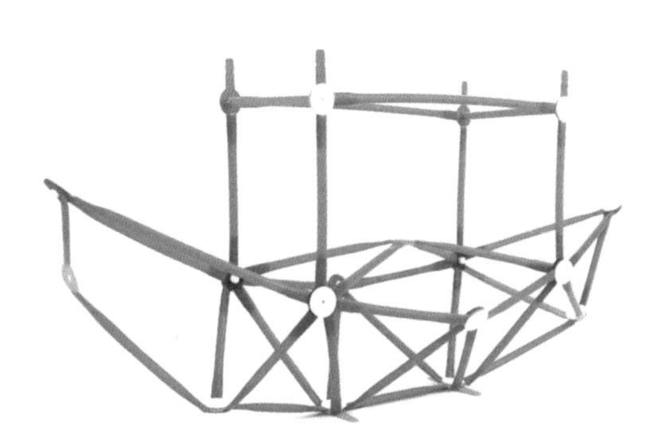

6 使用4个连接件固定双子扣和4根吸管将4个T形3脚连接件连接在一起，然后使用4根吸管将连接好的连接件组装到步骤1中连接件的脚上。

在派和机器熊猫的不懈努力下，一艘结实的小船做好了。派和机器熊猫激动不已，他们对风火岛的神秘景色充满期待。随即，他们迫不及待地把小船推入大海，乘着海风，在波光粼粼的海面上，向着风火岛出发！

结伴而行

好漂亮的夜空和大海啊！
派，你快看那边……
紧张
紧张
这团亮光是什么？
我是闪光鱼蓝小光，你们好！
我要回风火岛，但我迷路了，能帮帮我吗？

太巧了！我们正要去风火岛探险！
你们可以带上我吗？
一起出发吧！

航行时，机器熊猫和派发现，水里有团闪光的东西一直跟着他们。正当他们紧张得想要弄个明白时，这团亮光跃出了水面，并做了自我介绍，他是居住在风火岛附近的闪光鱼——蓝小光，因和同伴闹别扭，独自出来迷了路。在了解到派和机器熊猫要去风火岛冒险，蓝小光便想跟着他们一起回家。热心的派和机器熊猫答应了蓝小光的加入。

你的眼睛为什么会发光呢？

这你就不知道了吧，我身上自带电路，只要打开开关，眼睛就能发光。这让我在漆黑的环境里，可以很自在地游泳。

什么是电路啊？

这个我知道！一个基本的电路要由电源、开关、导线、用电器组成。

机器熊猫说的对！其中，电源是一种能够向用电器提供电能的装置，它可以把其他形式的能转化为电能。像我身体里就装了一节纽扣电池，它可以把化学能转化为电能。电池一般有正极和负极，正极通常标有“+”，负极通常标有“-”。

那什么是导线呢？

简单说来，根据材料的导电性，可以将物体分为导体、半导体和绝缘体。容易导电的物体是导体，不容易导电的是绝缘体，导电性能介于导体和绝缘体之间的叫半导体。导线其实就是特别制成的一条线状的导体，我工具箱里的杜邦线就是常见的导线。

那我可以试着用吸管做个闪光鱼的模型吗？你可以帮我吗？

可以啊！不过在做之前，我们先来学学电路相关的知识。

机器熊猫从工具箱里掏出几张电路知识卡。

电路知识卡

电路的组成

在电路中，电源里的电流会从正极出发“走到”负极。想要让电流“走”得更顺畅些，需要使用导线“铺路”。电流会在“走路”时做一些事情，比如让灯发光、让电扇转起来、让空调制冷等。其中，灯、电扇、空调等叫作用电器。为了让电流可以“休息”下，给电路中装上开关。一个完整的电路就组好了！

注意：不要直接用导线将电源的正负极连接在一起，会烧坏电源哦。

电路知识卡

并联电路

由多条支路组成的电路被称为并联电路。简单来说就是把元件并列接在电路中的两点之间。电路中的一条支路断开，不会影响其他支路上用电器的工作。图中所示，就是经典的并联电路。

电路知识卡

电路图

生活中常见的道路可以用地图来描述，而描述电路的图被称为电路图。将电路中的元器件使用简单符号表示，并将对应的连接关系用线段连接表示，就形成电路图了。图中所示为电源、电灯、开关在电路中符号及简单并联电路的电路图。

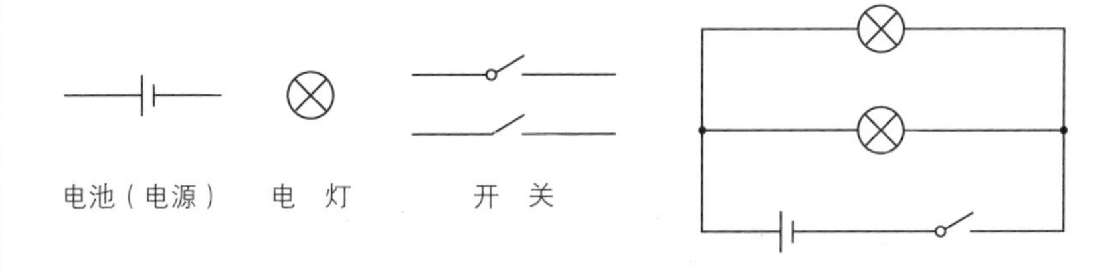

从电路知识卡上，我们进一步地了解了闪光鱼发光的秘密，原来闪光鱼的内部是并联电路。

原来如此，知道这些知识后我们是不是可以开始制作啦？

别着急，我还有几个小问题要问你。你知道我们要用什么做闪光鱼模型的眼睛吗？

LED！是LED，对吗？

对，不过要提醒你的是LED是有正负极的，千万不要接反了哦。另外，在接线的过程中，你可能会用到接线端子（本书特指按压式接线端子），这里也一起学习下它的使用方法吧。

电路知识卡

LED

LED是发光二极管的简称，是一种常见的发光器件。

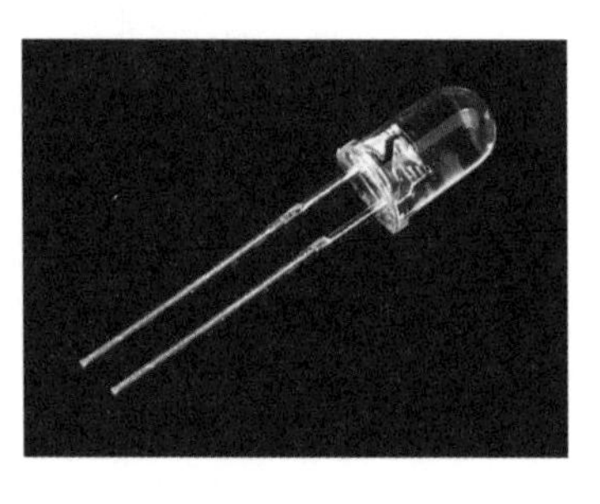

电路知识卡

接线端子的使用方法

剥开一小段绝缘皮，按压接线端子的一头，将剥好绝缘皮的导线插入接线端子即可。

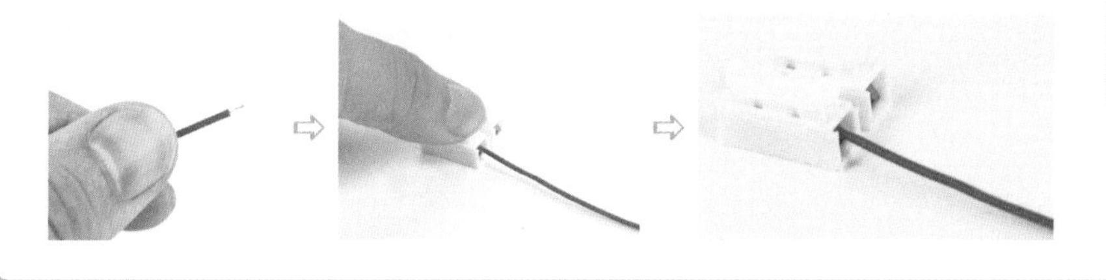

谢谢机器熊猫的提醒，我们快准备材料开始制作吧。我要将制作好的闪光鱼模型送给蓝小光。

制作器材

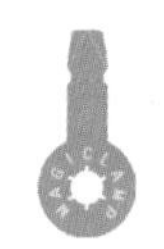
1 脚连接件 ×3

2 脚连接件 ×2

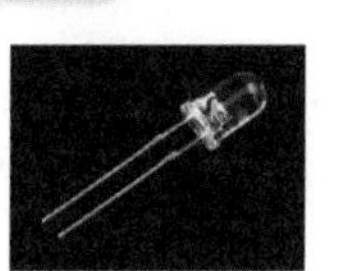
LED×2

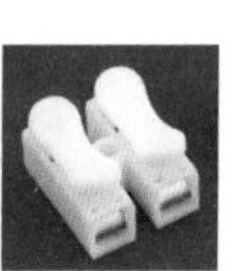
接线端子 ×1

连接件固定子扣 ×1

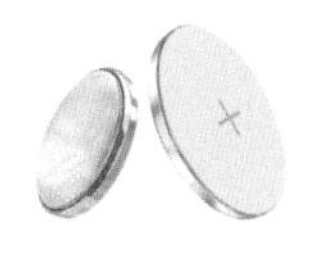
3V 纽扣电池 ×1

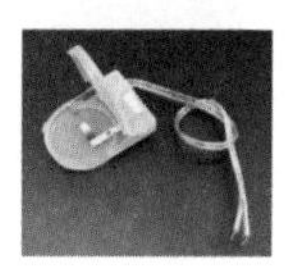
电池盒 ×1

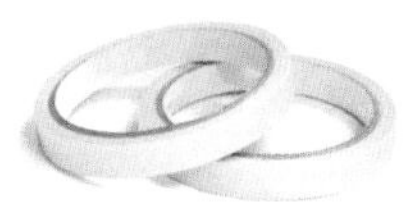
双面胶若干

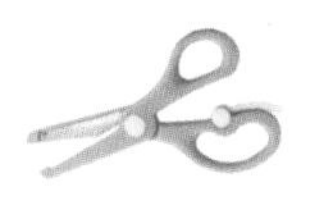
剪刀 ×1

纸杯 ×1

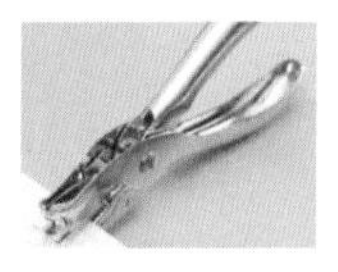
打孔器 ×1

吸管 ×8

杜邦线若干

制作步骤演示

1 将 LED 连接到杜邦线上，再将杜邦线从一长一短 2 根吸管的中间穿过去。

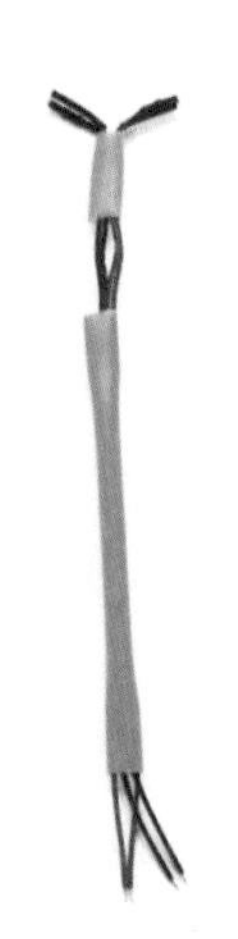

2 使用 1 个连接件固定子扣将 2 个 2 脚连接件组装到一起，并将组装好的连接件放置在一长一短 2 根吸管的中间，再使用剪刀或打孔器给纸杯的底部及杯身的两侧打孔，将穿好杜邦线和放置了连接件的吸管放入纸杯中。

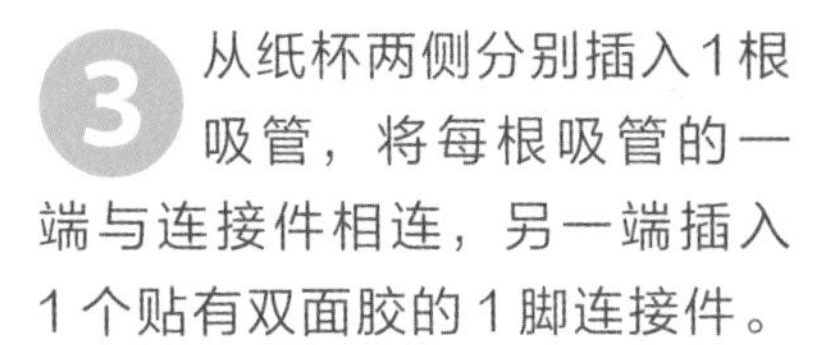

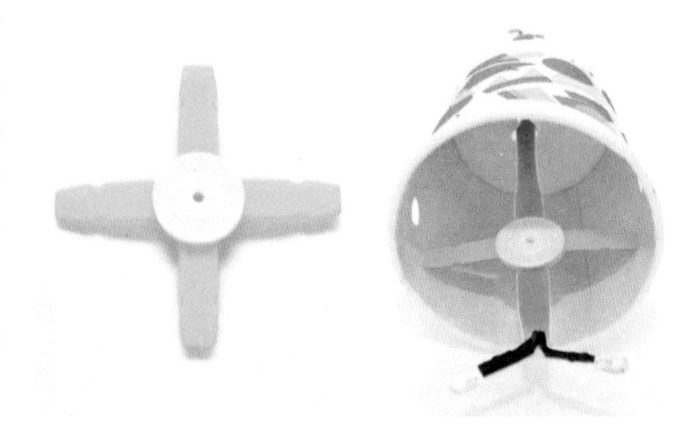

3 从纸杯两侧分别插入 1 根吸管，将每根吸管的一端与连接件相连，另一端插入 1 个贴有双面胶的 1 脚连接件。

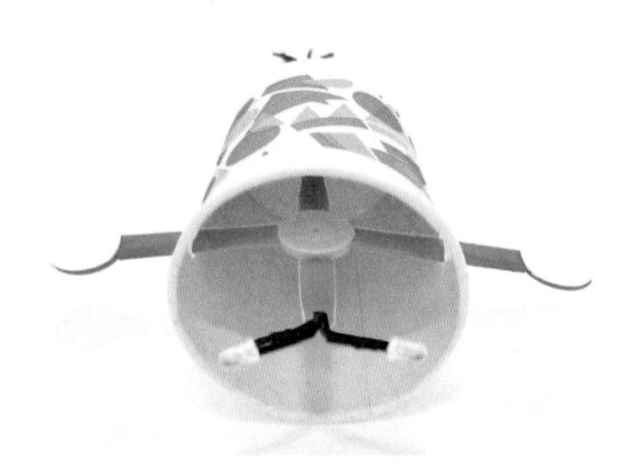

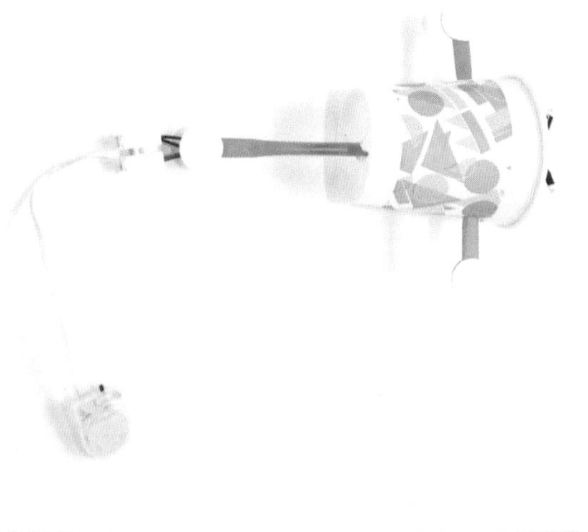

4 将贴有双面胶的1脚连接件插入从纸杯底部穿出的吸管中，并使用接线端子将从吸管中穿出的杜邦线与电池模块相连。

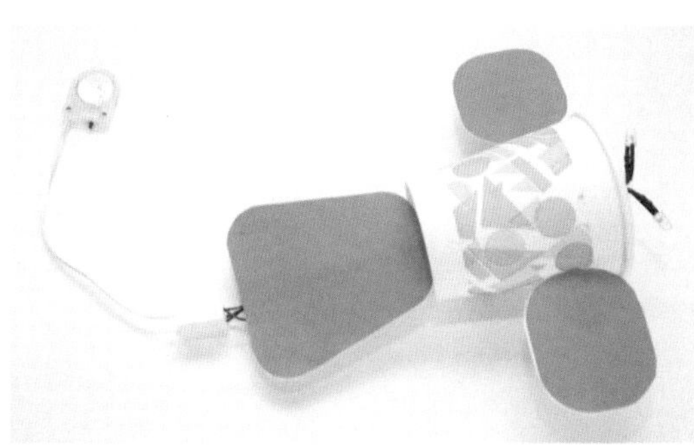

5 使用剪刀、彩色卡纸或其他材料做出闪光鱼的鱼鳍和鱼尾，并粘到相应的位置。

大功告成！闪光鱼模型制作完成了，打开电池模块上的开关，闪光鱼模型发光了。派兴奋地将礼物送给了蓝小光。蓝小光收到礼物很开心。派和机器熊猫见天色已晚，便去睡了。此时的蓝小光还不困，便跟着小船继续游动。游着游着，蓝小光忽然间看到船边闪过一个黑影，立马跳上小船叫醒了派和机器熊猫。

不速之客

与此同时……

天黑了，大家快收拾。我们要回去了。
好的，老师！
好的！

你们看到派了吗？
好像一直没见到他……
大家分头找一找，一定要找到他。

好漂亮的船，我要占为己有！

与此同时，老师发现派失踪了，正在和同学们着急地寻找着。对此，派并不知情，他和机器熊猫被蓝小光叫醒后，听到蓝小光说风火岛附近有个调皮捣蛋的坏家伙——八爪鱼，出现在了船附近，不知道是不是要做坏事，便立马寻找八爪鱼的身影。随后，派发现了八爪鱼，但八爪鱼并没有因为被发现而惊慌，反而嚣张地说派等人的船在他触手的光照下，格外耀眼，他要将船占为己有。面对八爪鱼的嚣张，蓝小光有点害怕，然而派和机器熊猫格外冷静，他们正在想办法对付八爪鱼。随即派想到了方法，立马向机器熊猫与蓝小光说了自己的想法，得到了一致赞成。

派认为八爪鱼触手发光的原理和闪光鱼发光的原理相同。于是他开始破解八爪鱼触手发光的秘密。因为有制作闪光鱼模型的经验，派很快找出了两者相同的部分——有完整的电路。那不同的部分有哪些呢？很明显，可发光部位的数量不一样，闪光鱼是 2 只眼睛发光，八爪鱼是 8 个触手发光。机器熊猫提醒派：想想制作闪光鱼模型的时候所学的电路知识——可以用简化符号将电路清晰表达出来，也就是画电路图。小朋友，你也一起想想八爪鱼的电路图应该怎么画吧！

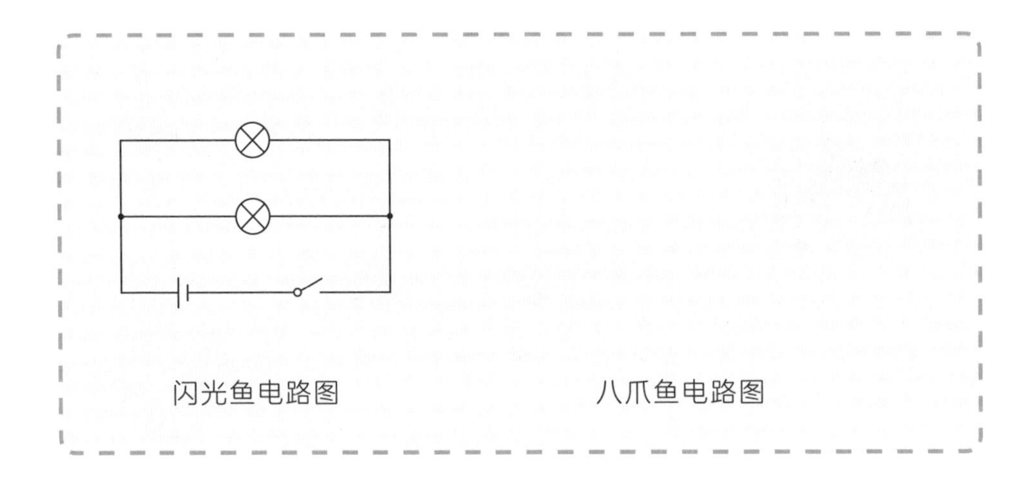

闪光鱼电路图　　　　八爪鱼电路图

电路图绘制好了！和闪光鱼的电路一样，是并联电路，但有8路。

我可看不懂什么电路图。

那我就做个八爪鱼模型让你心服口服。

机器熊猫从工具箱中找出了制作八爪鱼模型的材料。派拿到材料开始制作，想要打消八爪鱼占有他们船的念头，他还要去风火岛探险呢！

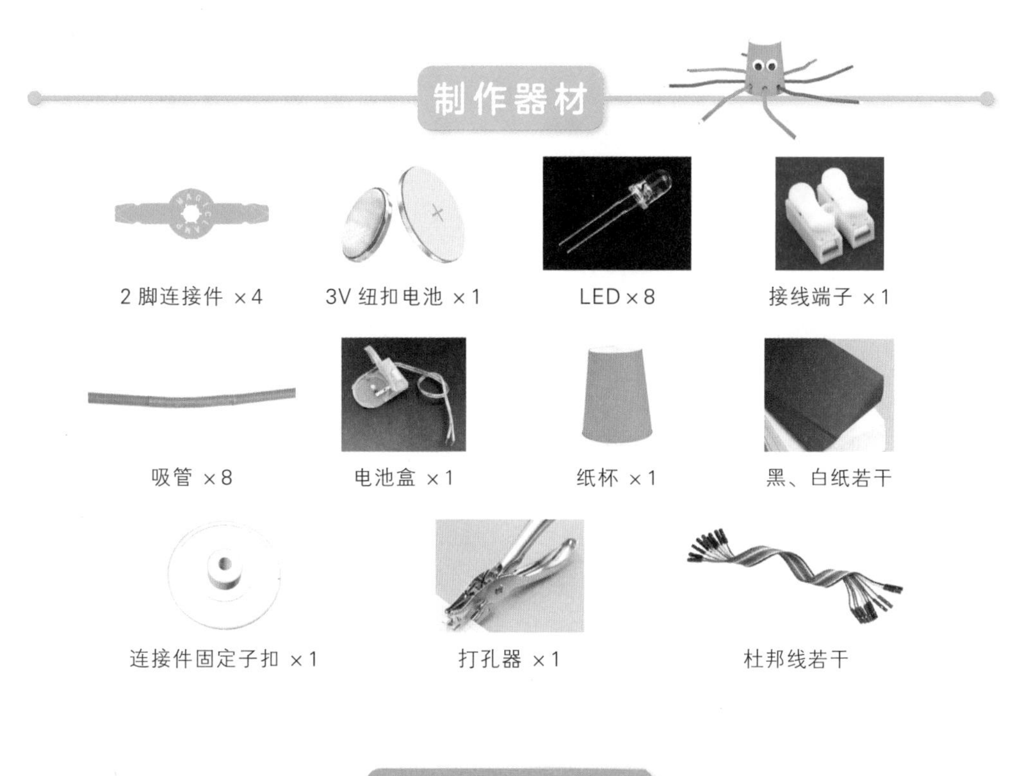

制作步骤演示

1 使用打孔器在纸杯上打8个孔。

2 使用杜邦线连接 LED 的 2 个引脚，并将杜邦线穿过吸管。制作 8 组。

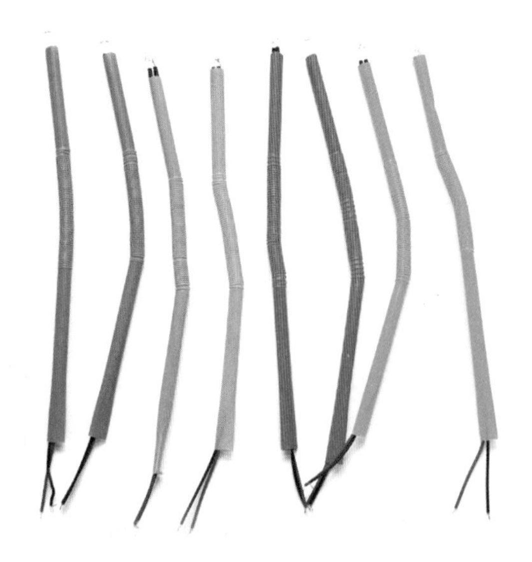

3 将穿有杜邦线的吸管分别插入纸杯的 8 个孔。

4 使用 1 个连接件固定子扣将 4 个 2 脚连接件固定在一起。使用固定好的连接件连接 8 根吸管，再使用接线端子将连接了 LED 的杜邦线的 8 个正极与电池模块的正极相连，8 个负极与电池模块的负极相连。

5 将杜邦线和电池模块收纳在纸杯内部，调整8根吸管的弯曲角度，再给八爪鱼模型贴上眼睛。

大功告成！打开开关，八爪鱼模型上的触手发光了。

可恶，你竟然真的发现了我触手发光的秘密。

八爪鱼恼火地游走了。蓝小光向派投来了佩服的目光。没过多久天亮了，当清晨的阳光照进了船楼，小船也停靠在了风火岛的岸边。

机器熊猫！
快看，
前面就是
风火岛！
果然好美！
!!

谢谢你们送我回风火岛！
祝你们好运！
再见了蓝小光！

我们开始探险吧！
太棒啦！

我肚子饿了，
我们去对岸摘几个
椰子吧！
包在我身
上！做个悬索
桥就可以了！
"可可"
"当当"

悬索桥完成！
嘿嘿！
我的机会来了！
推不动，只能等涨潮时借助潮水的力量了！

老师……老师……
快看这里！

这里有一些木头和工具，
派是不是做了船，出海了？

一定是去风火岛了！我去把派找回来！
我也去！
好！
我们和老师一起去！

到达风火岛后，蓝小光向派和机器熊猫告别。派和机器熊猫顺利登上风火岛。风火岛风景秀丽，有很多奇花异草和小动物。他们到处跑，到处看，一会儿追兔子，一会儿抓蝴蝶。不一会儿他们的肚子就咕咕叫了。这里景色虽然美，但是派和机器熊猫一直没能找到食物，走着走着，他们到了岛的另一边，站在岸边，望着不远处的一座小岛，发现岛上长了很多椰子树。望着对岸的椰子树，派和机器熊猫高兴极了。

机器熊猫，快看，椰子树！

我们可以喝椰汁了！

不过对岸有点远，跳是跳不过去的，而船又在风火岛的另一侧，回去乘船又有点远，怎么办呢？

我们来用工具箱里的材料搭个桥吧！

搭个什么样的桥呢？

我的知识储备系统显示，按照桥梁的结构类型，桥梁可以分为悬索桥、斜拉桥、拱桥、梁桥，悬索桥也称吊桥。它们各有优势，其中悬索桥的跨越能力最强。

那我们就做个悬索桥！

派根据机器熊猫提供的资料，开始绘制悬索桥的结构图。绘制时，他想起来老师提到过“三角形具有稳定性”。为了让桥更稳定，他把这个知识点也融入了其中。绘好图后，派计算了制作悬索桥所需的材料。为了节省时间，派和机器熊猫开始一起搭建悬索桥。

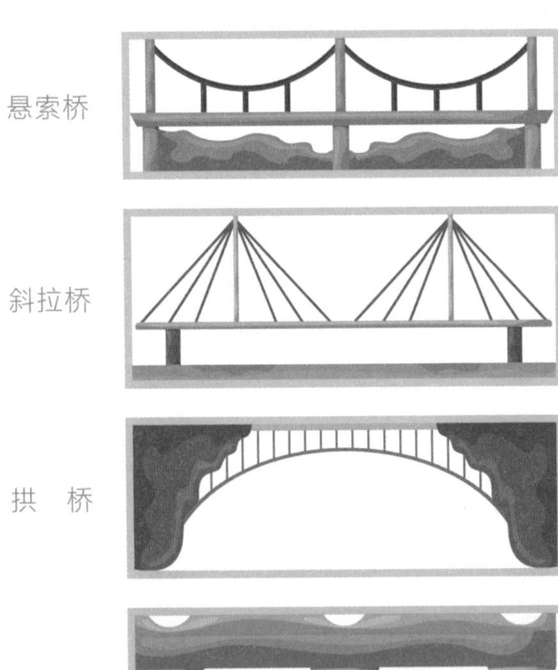

制作器材

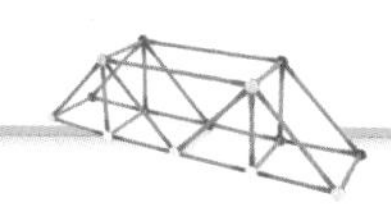

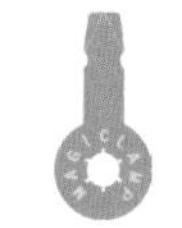

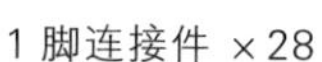

1 脚连接件 ×28

2 脚连接件 ×2

T 形 3 脚连接件 ×4

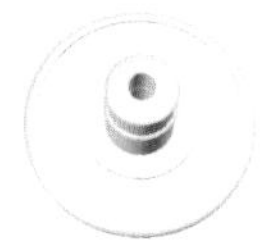

连接件固定双子扣 ×14

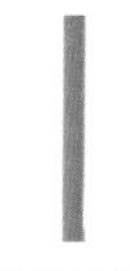

吸管若干

制作步骤演示

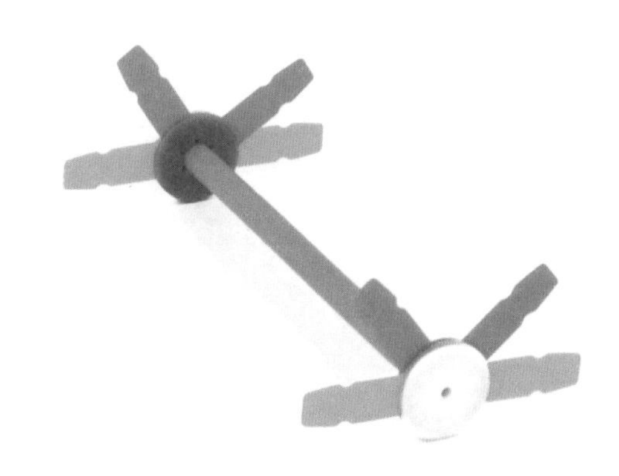

1 使用 2 个连接件固定双子扣、4 个 1 脚连接件和 2 个 2 脚连接件组装 2 组 4 脚连接件，并将其固定在吸管的两端。

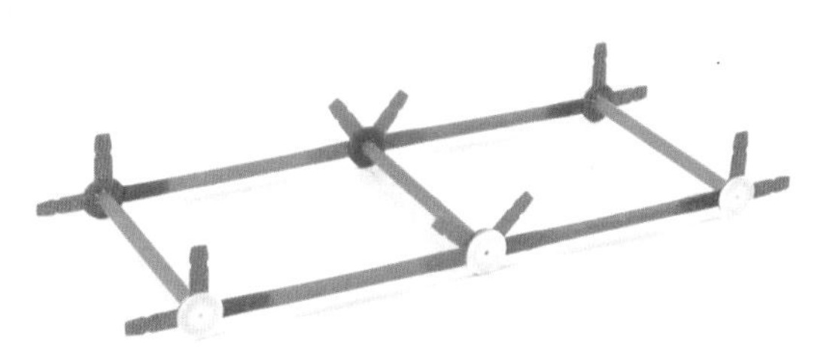

2 使用 4 个连接件固定双子扣将 4 个 T 形 3 脚连接件固定在 2 根吸管的两端，然后使用 4 根吸管分别将其连接至步骤 1 中连接件的脚上。

3 使用4个连接件固定双子扣、8个1脚连接件组装4组2脚连接件，将每2组组装好的2脚连接件固定在吸管的两端，然后使用吸管分别将其连接至步骤2中连接件的脚上。

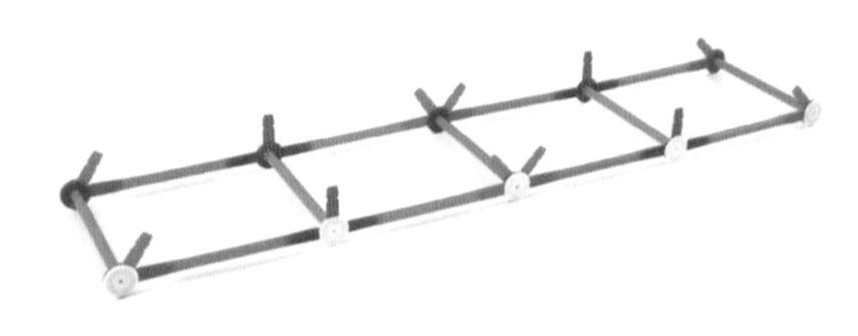

4 使用2个连接件固定双子扣、8个1脚连接件，组装2组4脚连接件，并将其固定在吸管的两端，然后使用6根吸管将组装好的4脚连接件中的3个脚分别连接至步骤1～3中连接件的脚上。

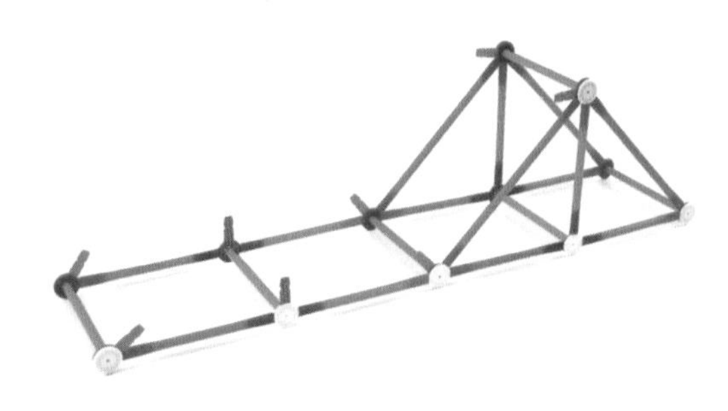

5 同步骤4，即使用2个连接件固定双子扣、8个1脚连接件，组装2组4脚连接件，并将其固定在吸管的两端，然后使用6根吸管将组装好的4脚连接件中的3个脚分别连接至步骤1～3中连接件的脚上。

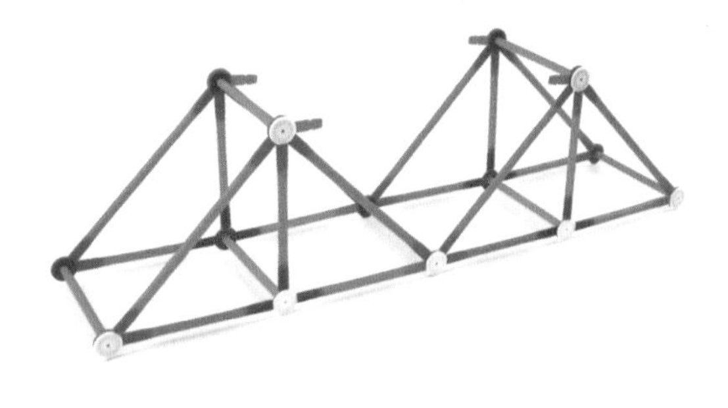

6 使用吸管连接步骤5中剩余的4个脚。

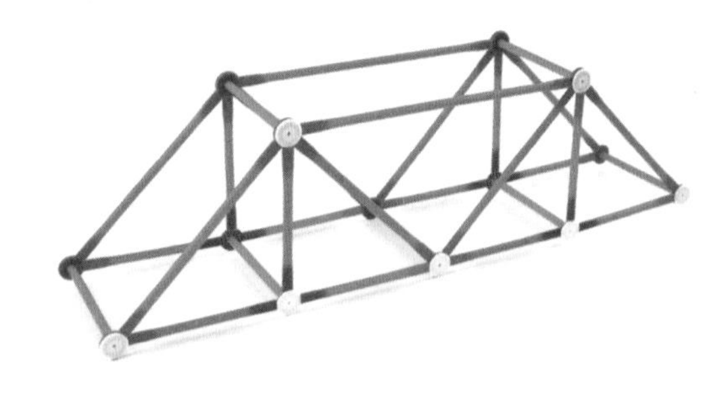

派与机器熊猫一起努力，做好了悬索桥。他们欢欢喜喜地来到了对岸，在椰子树下望着椰子。而躲在船边的八爪鱼，看到派和机器熊猫走远，偷偷出现在了船的旁边。原来他还没有打消占有船的想法。只不过他小小的身子，无法推动靠在岸边的船，他暗暗地等待着涨潮，想借助潮水的力量，偷走小船。只是派与机器熊猫的目光已经被椰子吸引，没有发现八爪鱼。与此同时，老师和同学们找到了线索，推断出了派一定是去风火岛了，他们担心派发生危险，因此随即出发去寻找！

巧摘椰子

哇，有这么多
椰子，太好啦！
可是椰
子树太高
了，怎么
摘到椰子
呢？
我们可以做
一个机械手，这样就能
摘下树上的椰子啦！
呵呵
呵呵

望着高高的椰子树上的椰子，派与机器熊猫更渴了。派想变成一只小猴子爬上树，去摘那沉甸甸的椰子，喝甜甜的椰汁。可是他并不会爬树，他着急地问机器熊猫，怎么才能摘到椰子呢？机器熊猫告诉派，可以制作一个机械手，把椰子夹下来。

对啊。我想起来了，机械手是利用四边形易变形的特点和杠杆原理实现抓取的。

是的，做好机械手后，我们操作一端，控制另一端抓取椰子，马上就能喝到椰汁了！

那我们快用工具箱里的材料制作一个机械手吧！

机器熊猫打开工具箱，拿出了制作机械手的材料。派和机器熊猫开始制作机械手。

制作步骤演示

1 使用 2 个连接件固定双子扣、4 个 2 脚连接件组装 2 组 4 脚连接件，并将其固定在吸管两端。

2 将 8 根吸管分别连接在步骤 1 中连接件的各个脚上。

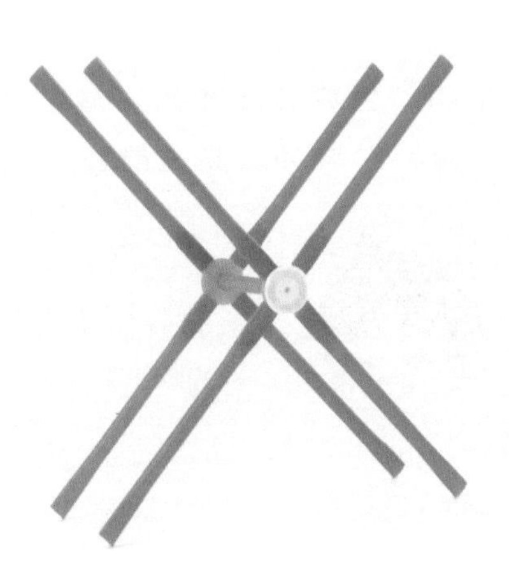

3 使用 4 个连接件固定双子扣将 4 个 1 脚连接件分别固定在 2 根吸管的两端。使用 4 个连接件固定双子扣、8 个 1 脚连接件组装 4 组 2 脚连接件，将每 2 组连接件固定在吸管两端。将组装好的这些部件与步骤 2 的吸管进行连接。

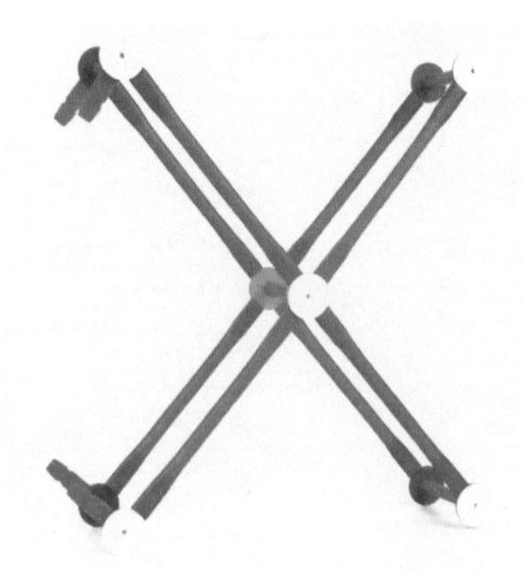

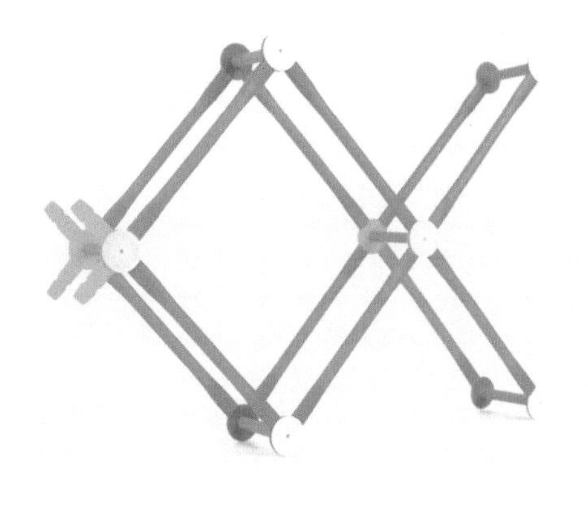

4 使用 2 个连接件固定双子扣、4 个 2 脚连接件组装 2 组 4 脚连接件，并将 2 组 4 脚连接件固定在吸管两端，然后使用吸管将其连接至步骤 3 中连接件的脚上。

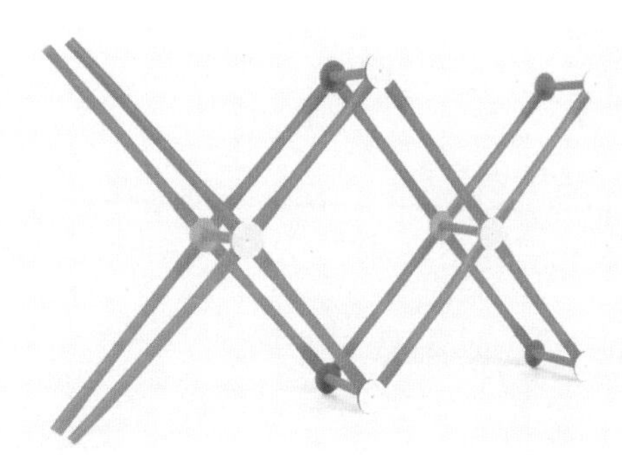

5 将 4 根吸管连接在步骤 4 中连接件的脚上。

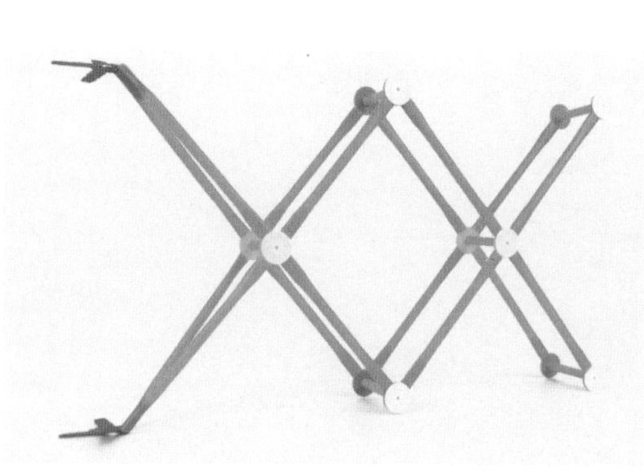

6 使用 2 个 5 脚连接件固定步骤 5 中的 4 根吸管。

在派和机器熊猫的共同努力下，机械手制作完成了。他们用机械手摘下了椰子。不一会儿，椰子树下传来了持续“咕咚咕咚”的声音。派与机器熊猫相继表示：椰汁太好喝了！

保护鸟蛋

快看！
那边有鸟蛋。
如果有人
要伤害鸟蛋
怎么办？
好想吃
啊，但这
是不对的。
那我们做
一个警报器吧！
哗~
哗~
马上就要涨潮了，
我的机会来了！

派和机器熊猫喝完椰汁后，发现有棵树上有鸟蛋，口水瞬间充盈了他们的口腔。他们虽然很想将鸟蛋取下来吃掉，但是他们知道这样是不对的，鸟妈妈会伤心。他们想了想，又看了看，怕其他人伤害鸟蛋，便准备做个警报器放在鸟巢旁：一旦鸟蛋遇到危险，警报器就鸣响，提醒鸟妈妈快速返回保护鸟蛋。就在他们想办法做警报器的时候，八爪鱼估算着涨潮时间，并自言自语道："马上就要涨潮了，要抓住这个机会！"

警报器要怎么做呀？

别着急，我来检索下知识储备系统。

机器熊猫检索完，从工具箱中拿出了制作警报器的材料。

制作器材

2脚连接件 ×2

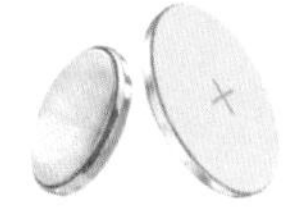
6V纽扣电池 ×1

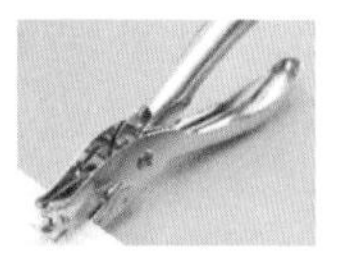
打孔器 ×1

电池盒 ×1

杜邦线若干

蜂鸣器 ×1

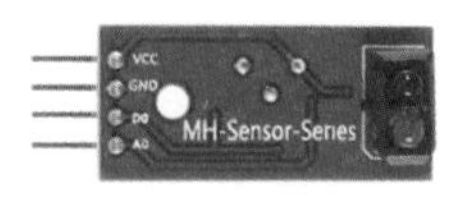

红外反射传感器模块 ×1

继电器模块 ×1

接线端子 ×1

连接件固定子扣 ×1

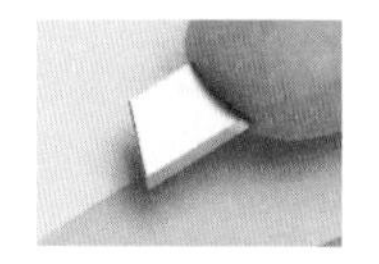
小刀 ×1

纸杯 ×1

派一头雾水地看着材料。

这些没见过的材料都是做什么用的呀？

红外反射传感器模块是用于检测固定方向上是否有物体的，如果有物体，红外反射传感器模块发射出去的信号，就会被反射回来。当红外反射传感器模块检测到反射信号时，红外反射传感器模块上的灯就会被点亮。

也就是说如果有人靠近鸟巢，红外反射传感器模块就会亮灯！

对，但是光亮灯是不够的，如何让蜂鸣器在红外反射传感器模块亮灯的时候鸣响呢？这就需要使用自动控制电路中常见的电控器件——继电器模块了。

我还是不太理解。

继电器模块有触发端和控制端。你可以把继电器模块理解成开关，当它的触发端接收到信号时，“开关”就“闭合”，这样与控制端串联的硬件就可以工作了。

我懂了！将红外反射传感器模块接在继电器模块的触发端，蜂鸣器接在控制端。当有人靠近鸟巢时，红外反射传感器模块亮灯，给继电器模块发送信号，继电器模块“闭合”，蜂鸣器就会鸣响了。

没错！那我们快来组装警报器吧。

派和机器熊猫拿起材料正要组装警报器。机器熊猫看到红外反射传感器模块和继电器模块上的引脚，便提醒派注意：标记“VCC”“DC+”“+”等的引脚接正极，“GND”“DC-”“-”等的引脚接负极，不同的元器件引脚上的标识不一样，要仔细阅读使用说明……派表示理解后，按照机器熊猫在知识储备系统中查到的使用说明，开始组装警报器。

制作步骤演示

1 使用接线端子将红外反射传感器模块与继电器模块发射端的正负极连接至电池模块的正负极。

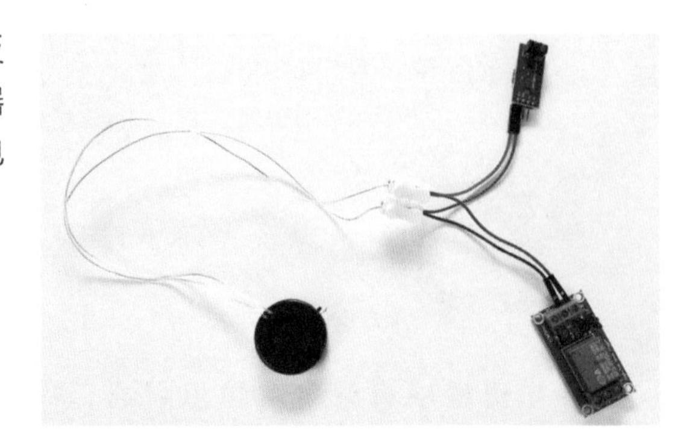

2 连接红外反射传感器模块与继电器模块。

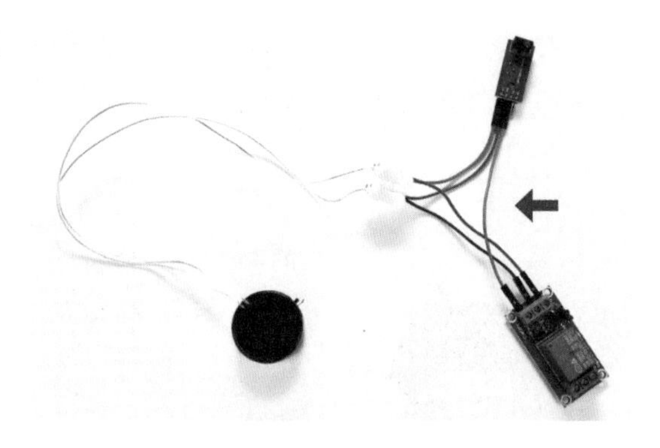

3 使用杜邦线连接蜂鸣器与继电器模块。

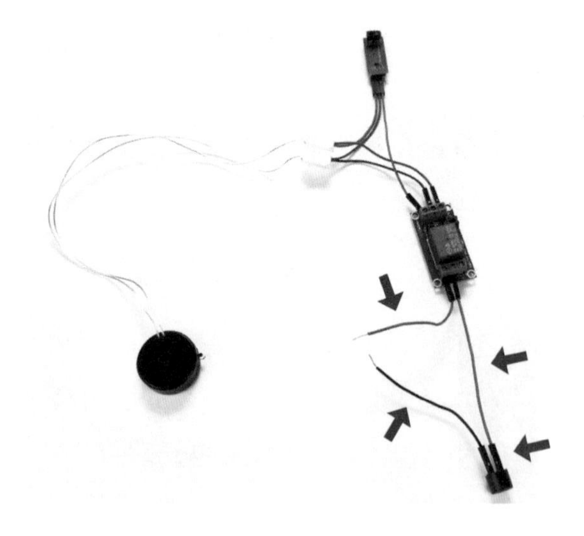

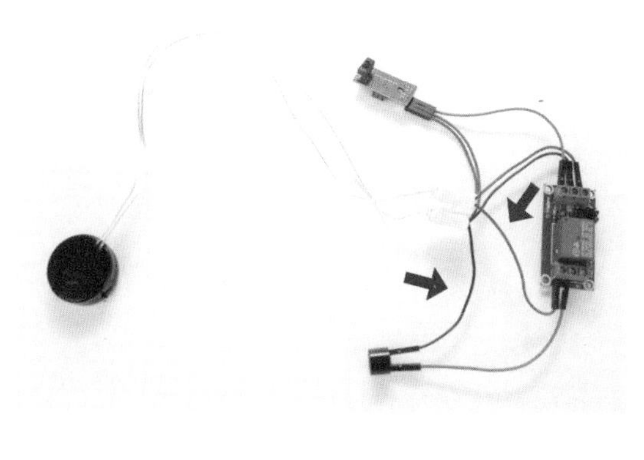

4 将串联好的蜂鸣器和继电器模块的两端，分别通过接线端子连接至电池模块的正负极。

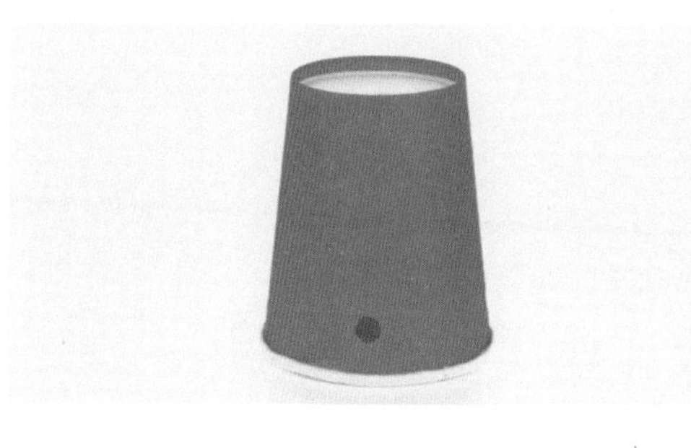

5 使用打孔器在纸杯上靠近杯口的位置打 4 孔。

6 使用小刀在纸杯上合适的位置开一个长方形孔。将红外反射传感器模块的检测端固定在长方形孔处，并将电路的其他部分放入纸杯。使用 1 个连接件固定子扣将 2 个 2 脚连接件固定在一起。将吸管从纸杯的孔中穿入，并连接至连接件的脚上，以固定电路。

组装完毕！打开电池模块上的开关，警报器没有任何反应，派和机器熊猫仔细检查电路后发现，继电器模块的工作电压是 5V，而电池模块的电压不足 5V。他们立即更换了电压足够的电池，嘀——警报器可以正常工作了！

智斗
八爪鱼

不好啦！我们的船被推到水里了！

早知道
就不出来
探险了。
嘿嘿！
船是我的啦！
呜呜呜……
怎么办，没有船
我们回不去了。
出现

派！
老师来了！
快把船
还给派！
哼，
差一点
就得手
了！
扑通

太好啦！
我们胜利了！

我不该偷偷跑出来，给大家添麻烦了……
谢谢大家来救我！

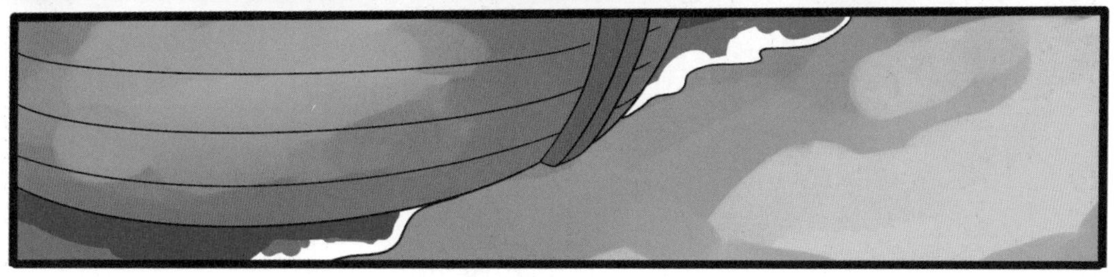

你一个人
跑出来太危险了！
大家都很担心你。
老师，
对不起。
我再也
不乱跑了！

现在我们一起回去吧！

警报器的鸣响引起了鸟妈妈的注意，鸟妈妈以为派和机器熊猫要伤害鸟蛋，便气冲冲地往鸟巢方向飞，作势要袭击他们。派和机器熊猫快速往船的方向跑，却发现八爪鱼正借助潮水的力量将船推入水中，眼见船就要被推入水中了！派一边跑一边懊恼，早知道就不出来探险了。当派和机器熊猫跑到岸边时，八爪鱼已经乘船起航，距离岸边有一定距离了。在派和机器熊猫一筹莫展之际，远处出现了一艘更大的船，原来是老师和同学们到了！老师驾驶着大船拦住了八爪鱼，成功夺回派和机器熊猫做的小船。派本想与同学们一起欢呼胜利，但又不好意思起来，他向老师和同学们表达了感谢，也承认了自己的错误。随后，他们准备返航。在返航前，为了避免八爪鱼再次捣乱，大家决定制作机械爪。

机械爪有很多种，如通用手爪，常见有2指~5指；特殊手爪，爪上有磁吸盘、焊枪等部件；机械手爪，又称机械夹钳，常见有2指、3指和变形指。我们要做哪种呀？

就做3指的通用手爪吧。如果八爪鱼再来捣乱，我们就用3指通用手爪夹住他。

好的，那我准备材料。

大家使用机械熊猫从工具箱中拿出的材料开始制作3指通用手爪。

制作器材

1 脚连接件 ×16

2 脚连接件 ×3

Y 形 3 脚连接件（圆孔）×1

Y 形 3 脚连接件 ×1

连接件固定双子扣 ×4

连接件固定子扣 ×6

吸管若干

制作步骤演示

1 使用 Y 形 3 脚连接件连接 3 根吸管，并在吸管的另一端分别插入 1 个 2 脚连接件，然后在 2 脚连接件的另一端插入一根吸管。在本步骤所用的连接件上分别安装 1 个连接件固定双子扣。

2 使用 3 个连接件固定子扣、9 个 1 脚连接件组装 3 组 3 脚连接件，并将组装好的连接件分别插入步骤 1 的吸管中。

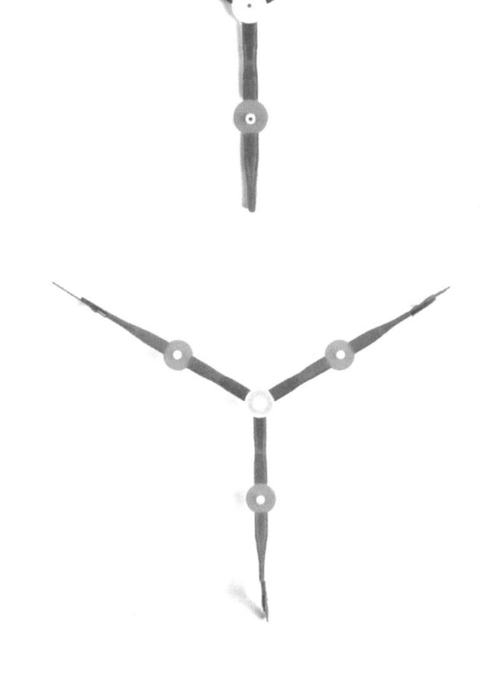

3 使用 3 个连接件固定子扣、6 个 1 脚连接件组装 3 组 2 脚连接件，并使用 6 根吸管将其固定在步骤 1 中连接件固定双子扣上及步骤 2 中连接件的脚上。

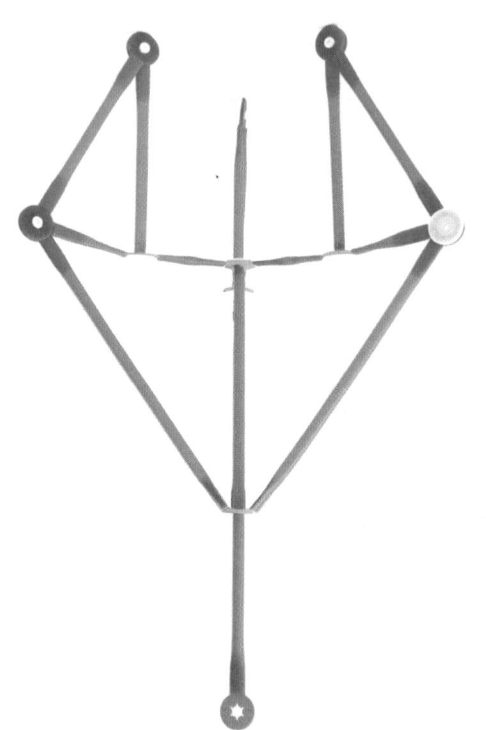

4 先将 3 根吸管插入步骤 2 中连接件的脚上，并使用 1 个 Y 形 3 脚连接件（圆孔）固定这 3 根吸管。将 1 根吸管从 Y 形 3 脚连接件（圆孔）中穿过，并将一端固定在步骤 1 中连接件固定双子扣上，另一端插入 1 个 1 脚连接件。

注：使用 Y 形 3 脚连接件（圆孔）是为了使穿过其圆孔的吸管可以活动，以实现 3 指通用手抓的抓取功能。

3 指通用手爪刚做好，派和机器熊猫就发现了再次靠近小船的八爪鱼。他们用 3 指通用手爪夹住八爪鱼，并将八爪鱼悬在空中。八爪鱼挣扎一番无果后保证再也不打小船的主意了。

探险
归航

哇！
老师们做的大船好精致啊！
我回去后一定要继续努力学习！

多多练习，
夯实基础，你
一定可以的！
大家加油啊！
我们会帮你
解决障碍的！
太好啦！
这是我的
时空系统，请帮
我检查一下吧。

这里不能通电了！
机器熊猫，你的能量块受潮了。
原来是这样。

老师，让我帮他修复吧。
用课堂上学过的知识，你一定可以的。

谢谢你，
派！
你快试试！
好像
修好了。
我感觉
好多了！
系统可以
正常工作了！

派，我的时空系统准备就绪了……
你全身都在发光啊！
我要前往 2099 年了。

我好舍不得你。
我也是，我不会忘记和你一起探险的时光的！
再见啦！我必须跟随光子流进行时空穿梭了，你要好好学习啊！
再见！我会想你的！
想我的时候就看看夜空吧！

机器熊猫，
我好想你啊！
新的旅程即将开始！

在放了八爪鱼后，派和机器熊猫随老师和同学们准备登船返航了。机器熊猫在同学们登船时，近距离参观了大船，并对大船的制造工艺赞叹不已，而派也认识到自己的基础知识不够充足，要学习的还有很多。

微风轻拂，一大一小两艘船在水面上航行。在机器熊猫的加油下，一行人很快回到了学校附近。在了解到机器熊猫是发生故障才走错了时空后，老师和同学们想要帮助机器熊猫解决故障。经过一番检查，老师发现是机器熊猫的能量块受潮了。派认真听了老师的讲解后，主动申请修复能量块。

叮——随着一声响，能量块发出了柔和的光，能量块被派修复了！机器熊猫终于能随着光子流前往 2099 年了……以浩瀚星海为背景，在不舍的道别中，机器熊猫完成了时空穿梭。

为了避免再次发生船被偷走的事情，回到学校的派和同学们向老师提议，制作一个起重机，将船从岸边吊起，并移动到其他地方。

你们的提议非常不错。

那您快教我们怎么制作吧！

不要着急，我们先来思考下：起重机是怎么工作的？

是杠杆原理吗？

不错，起重机应用的就是杠杆原理。除此之外，重心的位置在工程上具有重要的意义，起重机要想正常工作，其重心的位置要满足一定的条件。

杠杆原理我们学过！是阿基米德提出的。

重心的位置……要满足什么条件呢？

这个问题相对复杂，我们可以先根据起重机图纸、船的具体数据等进行受力分析，然后修改图纸、搭建起重机、测试起重机性能，最后优化起重机。

经过老师的指导，派和同学们完成了受力分析，并准备根据图纸，使用制作器材搭建起重机。

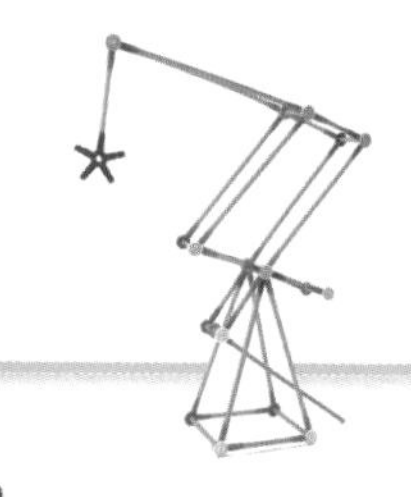

制作器材

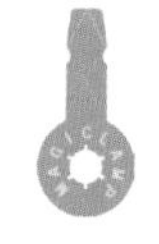

1 脚连接件 ×28

2 脚连接件 ×4

5 脚连接件 ×1

T 形 3 脚连接件 ×2

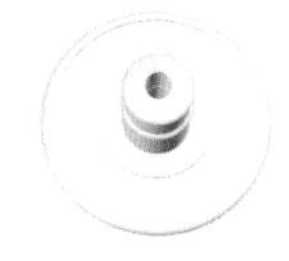

连接件固定双子扣 ×16

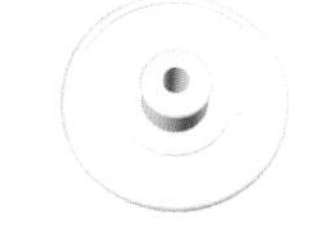

连接件固定子扣 ×1

吸管若干

制作步骤演示

1 使用 4 个连接件固定双子扣、8 个 1 脚连接件、4 根吸管搭建起重机的底座。

2 使用 2 个连接件固定双子扣、2 个 1 脚连接件、2 个 2 脚 连 接 件、2 个 T 形 3 脚连接件组装 2 组 6 脚连接件，并将组装好的连接件固定在吸管两端，然后使用 4 根吸管将其连接至步骤 1 中连接件的脚上。

3 将3根吸管分别插在3个1脚连接件的脚上。然后将1根吸管从其中1个1脚连接件的孔中穿过，并使用2个连接件固定双子扣将另外2个1脚连接件固定在吸管两端。最后将吸管两端的1脚连接件上的吸管连接至步骤2中连接件的脚上。

4 使用2个连接件固定双子扣将2个1脚连接件固定在吸管的两端。使用2个连接件固定双子扣、4个1脚连接件组装2组2脚连接件，并固定在吸管两端。使用4根吸管将两端固定了连接件的吸管连接至步骤2中连接件的脚上。

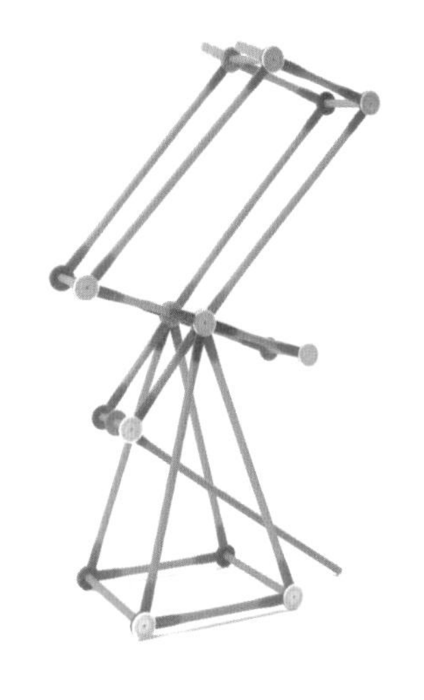

5 使用2个连接件固定双子扣、2个1脚连接件和2个2脚连接件组装2组3脚连接件，并将组装好的连接件固定在吸管两端。使用2个连接件固定双子扣、4个1脚连接件组装2组2脚连接件，并将其固定在吸管两端。使用2根吸管连接此步骤中组装好的3脚连接件和2脚连接件。使用4根吸管将此步骤中的3脚连接件和2脚连接件连接至步骤4中连接件的脚上。

6 使用1个连接件固定子扣、3个1脚连接件组装1个3脚连接件。3脚连接件中的2个脚分别通过1根吸管连接至步骤5中连接件的脚上，另1个脚通过吸管连接一个5脚连接件。

经过众人的齐心协力，起重机搭建好了，船被成功吊起！至此，派为此次冒险之旅画上了句号。

仲夏的凉风吹走了炙热的焦虑，夜空的星辰寄托着思念。派坐在草坪上，仰望星空，回忆着与机器熊猫的探险之旅。咻——一束熟悉的亮光划破星空。一段新的旅程即将开始！